U0282038

规划教材 精品教材 畅销教材

高等院校艺术设计专业丛书

环境设计手绘表现技法

QUICK SKETCHING FOR
◀ ENVIRONMENTAL DESIGN ▶

马磊 汪月/主编

于坤 王佳 付倩 黄晶 吕芳/副主编

重庆大学出版社

图书在版编目（CIP）数据

环境设计手绘表现技法/马磊, 汪月主编. —— 重庆:
重庆大学出版社, 2018.8（2024.1重印）
（高等院校艺术设计专业丛书）
ISBN 978-7-5689-1318-8

Ⅰ.①环…　Ⅱ.①马…②汪…　Ⅲ.①环境设计—绘画技
法—高等学校—教材　Ⅳ.①TU-856

中国版本图书馆CIP数据核字（2018）第191650号

高等院校艺术设计专业丛书

环境设计手绘表现技法　马磊　汪月　主编
HUANJING SHEJI SHOUHUI BIAOXIAN JIFA

策划编辑：周　晓　蹇　佳

责任编辑：蹇　佳　　　书籍设计：汪　泳
责任校对：杨育彪　　　责任印制：赵　晟

重庆大学出版社出版发行
出版人：陈晓阳
社　址：重庆市沙坪坝区大学城西路21号
邮　编：401331
电　话：（023）88617190　88617185（中小学）
传　真：（023）88617186　88617166
网　址：http://www.cqup.com.cn
邮　箱：fxk@cqup.com.cn（营销中心）
全国新华书店经销
重庆五洲海斯特印务有限公司印刷

开本：889mm×1194mm　1/16　印张：5　字数：164千
2018年8月第1版　2024年1月第3次印刷
ISBN 978-7-5689-1318-8　定价：35.00元

丛书主编　许　亮　陈琏年
丛书主审　李立新　杨为渝

出版说明

"高等院校艺术设计专业丛书"自2002年出版以来，受到全国艺术设计专业师生的广泛关注和好评，已经被全国100多所高校作为教材使用，在我国设计教育界产生了较大影响。目前已销售一百万余册，其中部分教材被评为"国家'十一五'规划教材""全国优秀畅销书""省部级精品课教材"。然而，设计教育在发展，时代在进步，设计学科自身的专业性、前沿性要求教材必须与时俱进。

鉴于此，为适应我国设计学科建设和设计教育改革的实际需要，本着打造精品教材的宗旨进行修订工作，我们在秉承前版特点的基础上，特邀请四川美术学院、苏州大学、云南艺术学院、南京艺术学院、重庆工商大学、华东师范大学、广东工业大学、重庆师范大学等十多所高校的专业骨干教师联合修订。此次主要修订了以下几方面内容：

1. 根据21世纪艺术设计教育的发展走向、就业趋势和课程设置等实际情况，对原教材的一些理论观点和框架进行了修订，新版教材吸收了近几年教学改革的最新成果，使之更具时代性。

2. 对原教材的体例进行了部分调整，涉及的内容和各章节比例是在前期广泛了解不同地区和不同院校教学大纲的基础上有的放矢地确定的，具有很好的普适性。新版教材以各门课程本科教育必须掌握的基本知识、基本技能为写作核心，同时考虑艺术教育的特点，为教师根据自己的实践经验和理论观点留有讲授空间。

3. 注重了美术向艺术设计的转换，凸显艺术设计的特点。

4. 新版教材选用的图例都是经典的和近几年现代设计的优秀作品，避免了一些教材中图例陈旧的问题。

5. 新版教材配备有电子课件，对教师的教学有很好的辅助作用，同时，电子课件中的一些素材也将对学生开阔眼界，对更好地把握设计课程大有裨益。

尽管本套教材在修订中广泛吸纳了众多读者和专业教师的建议，但书中难免还存在疏漏和不足之处，欢迎广大读者批评指正。

高等院校艺术设计专业丛书编委会

2018年1月

前　言

　　对于环境艺术设计专业的学生或者从业者来说，手绘表现技法是专业表现中必不可少的语言。与电脑效果图相比，手绘效果图效率更高、表现力更强，这是电脑效果图表现所无法代替的。环境设计者应注重手绘草图、创意表现分析图等手绘表现技法的积累。手绘表现是在设计理性与艺术自由之间探索艺术美的表现方式。设计师的表现技能和艺术风格是在实践中不断磨炼，积累中不断成熟，所以对技巧的理解和方法的掌握是学习表现技法的基础。

　　环境设计手绘表现技法运用较写实的绘画手法来表现建筑或室内外环境空间结构与造型形态，它既体现出设计的功能性又体现出设计的艺术性。在表现建筑或室内外环境设计构想的同时，注重形态的真实性，用理性的观念来作图。所以，一幅优秀的手绘效果图可以说是设计理性与艺术感性的完美结合。环境设计手绘效果图在技法上力求简洁、概括、生动，降低色彩的复杂程度。手绘效果图还可以用有色纸做表现的底色，这样具有色彩统一、均匀，节省涂色时间，增强绘画艺术性的特点。

　　本书重点介绍了环境设计手绘表现的基础知识、透视画法和室内外环境空间的手绘表现技法。本书的最大特点是将理论知识转化为实践项目进行讲授，并通过大量的范画案例，使读者较为全面的学习相关知识。

　　由于作者水平有限，书中难免有不足之处，还望读者批评指正，非常感谢！

编著者
2018年5月

目　录

1 手绘表现技法的基础知识

　　环境设计效果图是通过绘图的形式来表现设计师的设计构思和设计意图的预想图。效果图能够让人形象、直观地了解设计方案，在环境设计中必不可少。

　　效果图一般有两种表现形式，即手绘表现与计算机表现。计算机表现的效果图能够真实、准确地表现环境空间中各个部分的关系，计算机表现效果图可以做到一个设计模型多个角度打印出图，且便于修改，但是在绘制结构复杂的环境空间效果图时，速度较慢，影响设计思维的表达。而手绘表现的效果图具有快速、生动、形象、概括的特点，手绘表现效果图能够激发设计师的创作灵感，便于把设计师头脑中瞬间的创意快速地表现、记录下来，手绘效果图既适合勾画设计构思草图，也可以作为环境设计方案招投标的正式稿。手绘效果图是设计师必须掌握的表现技能之一，是设计师的综合能力的体现。

图1-1　计算机室内效果图（马磊作）

图1-2　计算机室外环境效果图（马磊作）

图1-3　手绘室内效果图

图1-4　手绘环境效果图

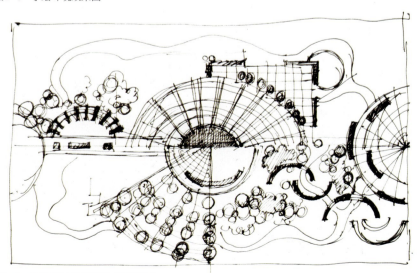

图1-5　手绘设计构思草图（马磊作）

1.1 材料与工具

在绘制手绘效果图时，良好得力的绘图材料和工具可以帮助设计师更好地表达设计意图，完成高质量的手绘效果图，对效果图的表现起到非常重要的作用。手绘效果图采用不同的材料和工具会产生不同的表现效果。传统的手绘效果图以水粉、水彩材料为主，其优点是色彩丰富、艺术表现力强。而目前设计师常用的手绘效果图的表现工具，主要为针管笔、彩色铅笔、马克笔等。

1.1.1 笔

笔是绘制手绘效果图的主要工具。笔的质量好，画手绘效果图时才能得心应手。笔的种类多种多样，可根据手绘效果图不同表达形式进行选择。

（1）铅笔

铅笔是最基本的绘图工具。绘图铅笔按照软硬程度不同分为H和B两种型号。H型的铅笔笔芯较硬，型号有H，2H，3H等，H前面的数字越大，笔芯越硬，绘制出来的颜色也越淡。B型的铅笔笔芯较软，型号有B，2B，3B等多种型号，B型铅笔前面的数字越大，笔芯越软，绘制出来的颜色越深。绘制手绘效果图常用的型号有2H、H、HB、B、2B等几种。自动铅笔铅芯粗细均匀，使用方便，但是容易折断。

手绘效果图时，可以使用铅笔绘制草稿，确定画面大致的构图、比例、透视。铅笔的线条轻松流畅，便于涂擦修改。

（2）针管笔

针管笔是绘制效果图的主要绘图工具，使用针管笔绘制出来的线条粗细均匀一致。针管笔分为金属针管笔和一次性针管笔两种。金属针管笔要配合专用针管笔墨水使用。一次性针管笔根据笔芯直径的不同可分为0.05,0.1,0.2,0.3,0.4,0.5等多种不同的型号，数字越大笔芯越粗。在绘制效果图时可以根据不同的绘制要求选择适合笔芯的针管笔。在一次性针管笔的使用过程中应注意笔头的保护，使用不当会使笔芯缩回笔体内。

针管笔可以单独使用绘制线稿，也可以勾画轮廓，配合彩铅、马克笔、水彩等多种工具绘制效果图。

图1-6　不同型号的铅笔

图1-7　金属针管笔与一次性针管笔

（3）马克笔

马克笔是手绘效果图上色的主要工具。马克笔使用简单、色彩多样、笔触清晰、效果丰富、上色快捷。马克笔分为水性和油性两种，油性马克笔色彩艳丽，耐水，耐光照，有较强的附着力，笔触柔和，适合绘制比较精致的效果图。由于油性马克笔含有酒精成分，容易挥发，所以用完要及时盖上笔盖，防止颜料挥发。水性马克笔色彩亮丽、笔触刚硬，不耐水，不耐光照，适合于快速表现，可用在多种材质的纸上。

马克笔的色彩难以相互融合，使用马克笔给效果图上色要准备多种色彩的马克笔，初学者一般要预备40色及以上的马克笔，其中灰色系10~15支，黄棕色系9~10支，绿色系6~7支，蓝青色系5~6支，红橙色系3~5支，紫色系2~3支。

马克笔上色不同于水粉和水彩，难以修改，所以用笔要选色准确，为了准确方便地找到适合的颜色，在上色前可以自制一张色卡，以便对应色卡找到相应颜色的马克笔。

（4）彩色铅笔

彩色铅笔色彩丰富、笔触细腻，可以用来表现精细的画面和质地。彩色铅笔可在绘制效果图时单独使用，也可以和马克笔相配合使用。在与马克笔配合使用时，彩色铅笔用于色彩的过渡和重点部位的细节刻画。

彩色铅笔有水性与蜡性两种，水性彩铅可以溶于水，色彩之间的交融性比较好，在保有笔触的基础上可以产生水彩画的效果。彩铅套色有12色、18色、24色、36色、48色、72色、108色等多种。

除了以上几种绘制效果图的常用笔之外，还有绘制线条刚直有力的钢笔；绘制风格细腻逼真的喷笔；善于表现地面倒影、灯光效果的色粉笔等，均可用于效果图的绘制。

图1-8 自制的马克笔色卡及编号

图1-9 不同颜色的马克笔

图1-10 彩色铅笔

图1-11 色粉笔

图1-12 水彩笔、水粉笔

1.1.2 纸

纸张是手绘效果图表现的载体。选用合适的纸张，有利于手绘效果图的艺术表现。效果图的纸张应根据笔和上色的要求进行选择，如水彩纸、水粉纸、马克笔专用纸、铅画纸、铜版纸、硫酸纸、草图纸等。

效果图纸张的选择主要考虑纸张的种类、克数、规格、纹理等。纸张种类就是纸的品种，如使用水彩上色的效果图可以选用水彩纸，使用水粉上色的效果图可以用水粉纸，用彩色铅笔上色可以选用铅画纸或者水彩纸。而使用马克笔上色的效果图纸张种类很多，如铜版纸、硫酸纸、草图纸、打印纸等，但最好选用专用的马克笔专用纸，因为其纸质较厚，不易渗透。

1.1.3 颜料

（1）水彩颜料

水彩颜料是一种透明的水溶性颜料，通过水来调整颜料的明度和纯度，具有流畅和透明的感觉，能产生各种色彩的融合效果，但是色彩覆盖力差。

（2）水粉颜料

水粉颜料由粉质的材料组成。水粉颜料调配方便，上色时可干可湿，覆盖性比较强，易于修改，容易掌握。

1.1.4 其他工具

手绘效果图的绘制还可以配合其他工具来完成。如使用尺子可以让效果图的绘制更为工整：直尺确保直线的顺畅和透视点连接准确；三角尺产生锐利的边缘；蛇尺、曲线板等各种模板可以让各种曲线的绘制更加流畅。

高光笔与多种颜料和笔配合使用绘制效果图，更容易表现材质的光感。

另外还有绘制效果图的辅助用品，如圆规、垫纸、刀具、橡皮擦、调色盘、美纹胶布、水桶等。

图1-13 绘图的纸张

图1-14 水粉颜料

图1-15 水彩颜料

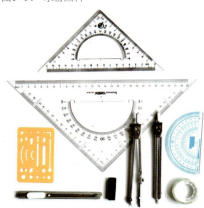

图1-16 其他绘图工具

1.2 美术基础

绘制手绘效果图，不仅要熟练掌握各种绘图工具的使用技巧，更要具备坚实的美术基础。美术基础训练是绘制手绘效果图的基本功，是设计师必备的能力。

1.2.1 线条

线条是构成一张效果图轮廓和形体的主要内容，在手绘效果图中，画面的透视、物体的轮廓以及所有的结构细节都需要通过线条来清晰地表达。掌握好线条的表现是画好手绘效果图的关键。手绘效果图的线条主要通过徒手钢笔画线来进行训练，单独画一根线是很简单的事情，但是要用线条去描绘环境中的物体，并且做到"形神兼备"，就不是一件容易的事情了。

线条练习应注意以下几个问题：首先，徒手练线要使线条均匀一致，画线时运笔速度均衡，下笔、运笔肯定，切忌忽快忽慢，前后顿挫，反复描摹；其次，徒手练线要做到线条有起有止，线条的起点和止点都要明确，忌讳"虎头蛇尾"；再次，徒手练线要多练习长直线、平行线、水平线、垂直线、定点连线；最后，徒手练线组织画面要注意线条的粗细、轻重、虚实的结合，灵活地运用线条的变化，表现物体的内外形状轮廓，刻画出物体的空间感和质感。

线条是手绘中最基本的表现手法，线条是最富有生命力和表现力的。因为线条本身是变化无穷的，有长短、粗细、轻重等变化。不同的线条反映出不同的情感，如线条的曲直可表达物体的动静，线条的虚实可表达物体的远近，不同的线条也能表现不同的质感。手绘中线描的线条要流畅、肯定，根据表现内容的不同，一定要有相应的"变化"，不能断断续续、毛毛躁躁、呆板僵硬。

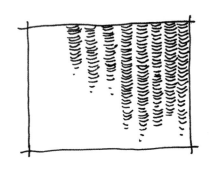

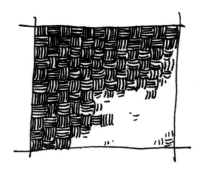

图1-17 线型肌理练习（汪月作）

环境设计手绘表现技法 QUICK SKETCHING FOR ENVIRONMENTAL DESIGN

图1-18 直线、平行线练习（马磊作）

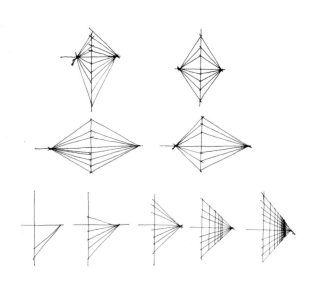

图1-19 放射线、透视线练习（马磊作）

线条本身很单纯，一旦组合就有了意义。线条是徒手表现的灵魂！我们除了一开始进行一些单纯的徒手线条练习以外，更主要的是在物体的表现中练习各种线条。

图1-20　线条组合练习1（汪月作）

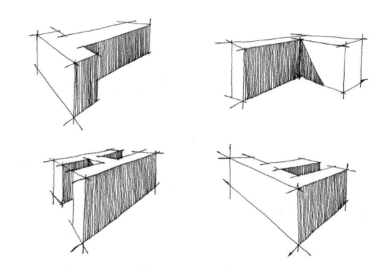

图1-21　线条组合练习2（汪月作）

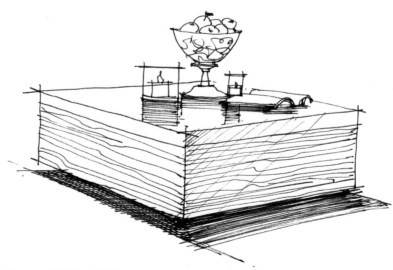

图1-22　单体练习（汪月作）

快速徒手画表现是一种语言，是表达"形"的技能，其学习需要循序渐进，要有目标、有步骤地制订学习方案。争取熟练地掌握表现的基本规则，以便用手中的工具，快速、高效地将设计构思表现出来。

图1-23　人物配景练习（汪月作）　　　　　　　图1-24　线稿表现（傅强作）

图1-25　景观配景练习（王佳作）

图1-26　线稿表现（汪月作）　　　　　图1-27　线稿表现（汪月作）

1.2.2　构图

　　构图是绘画中构思和安排各要素的总设计，是思考过程也是组织过程。构图工作主要处理画面中诸多因素的相互关系，相当于中国古代《画论》中"六法"的"经营位置"。在手绘效果图的绘制中，构图主要解决画面内容的布局问题，协调画面中物体的长、宽、高关系，以突出要表现的空间主体，增强画面的艺术感染力。在实际的效果图绘制中，首先要具体地分析、合理地安排画面中的物体大小、位置、透视角度，使画面给人以布局均衡、空间疏密得当、构图饱满、主次分明的感觉。合理的构图是手绘效果图艺术美感的重要体现。因此，对画面的物体进行整体的构思，选择合适的透视形式和透视角度，是画好手绘效果图的重要环节。

图1-28　对称式构图布局效果图

图1-29　均衡式构图布局效果图

1.2.3　形体结构

手绘效果图是对室内或室外环境的再现或表现，都需要设计师将自然环境中的各种形态元素，组织归纳成有序的形态要素。对于效果图中造型复杂的物体，我们在绘制的过程中，首先要分析清楚物体的结构组成，把它归纳还原为基本几何体元素。环境设施或室内家具只不过是在基本几何体的基础上进行"加法"或"减法"加工而形成的复杂形体。通过对物体的结构分解，可以较好地把握物体的形体特征，准确地刻画物体的结构细节，使效果图中的形体更加丰富、准确，画面效果更好。

1.2.4　明暗关系

在现实的世界中，物体之所以能够被识别是因为有光的存在，从而产生明暗对比变化，使物体显现出来。明暗关系是绘画中空间感、立体感和画面意境营造的主要手段。在绘制效果图时，物体因离光线的远近距离、角度、物体固有色的不同会产生黑白灰的明暗层次。一般来讲，物体距离光线越近，明暗对比越强，反之则对比越弱；物体距离观察者的视线越近，明暗对比越强，反之则对比越弱。画面中心的主要物体明暗对比强，次要物体则对比越弱。明暗关系是手绘效果图表现的重要环节。在绘制效果图的过程中，要对空间的明暗对比变化进行组织归纳，区分好画面的黑白灰节奏，注意画面物体的主次关系，使手绘效果图更加具有艺术表现力。

1.2.5　色彩关系

色彩是绘画中的关键要素，在手绘效果图的表现中十分重要。效果图中协调的色彩关系可以使画面产生良好的视觉效果。在手绘效果图中除了把握好色彩的明度、纯度、色相这三个色彩要素的关系之外，更主要的是对效果图画面整体色彩冷暖色调的控制。色彩的冷暖关系是一个相对的概念，红黄色系会比蓝绿色系给人感觉暖，而在同色系内，也有冷暖关系，橘红色会比紫红色给人感觉暖。总而言之，一个颜色和比它更暖的颜色相比，就成了冷色，和比它更冷的颜色相比，就成了暖色。

绘制手绘效果图时要注意画面的主体色调，同时还要注意补色的运用，常见的三组补色是红色与绿色、黄色与紫色、橙色与蓝色，其中红色与绿色这两种颜色明度一致，所以配合使用时要降低其中某一色的纯度。补色的对比体现在三个方面：一是在大面积主色调的基础上有小面积的补色体现；二是同一个物体明暗面的颜色对比，比如暖色的椅子，物体的亮部是暖色，而暗部和阴影就会是偏冷的颜色；三是在进行水彩或水粉表现的过程中，为避免颜色过深，可以在主体色里加一点补色，使颜色由生变熟，使画面更加稳定。

图1-30　物体的结构分解图　　　　　　　图1-31　效果图中明暗关系的表现

图1-32　暖色调对比效果图色彩应用

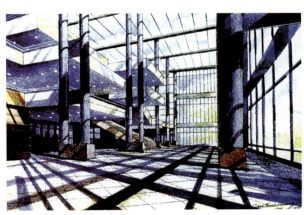

图1-33　冷色调对比效果图色彩应用　　　图1-34　互补色对比效果图色彩应用

1.3 不同表现技法的特点

（1）马克笔表现技法的特点

马克笔表现技法是手绘效果图表现中常用的技法之一，其最大的特点是快速、简洁，效果强烈，使用方便且易于保存。马克笔多用于单独的快速表现，也可与彩色铅笔、水彩等结合使用，以绘制出效果更加丰富的效果图。

（2）水彩表现技法的特点

水彩表现技法绘制的效果图色彩透明性很好，画面具有灵动感，画面整体比较轻快、明亮。水彩画技法是很多设计大师热衷的表现方法。

（3）水粉表现技法的特点

水粉表现技法是一种表现力很强的效果图技法，水粉颜料覆盖性较强，不透明，水粉颜色干透以后非常结实，表面呈现出无光泽的美感。

（4）彩色铅笔表现技法的特点

彩色铅笔表现技法简单、容易掌握。彩色铅笔颜色变化丰富，过渡细腻，尤其是水溶性彩色铅笔与钢笔相配合使用，绘制出的钢笔淡彩，画面结构清晰，色彩明快，也是一种快速的效果图表现技法。

图1-35　马克笔技法效果图

图1-36　水彩技法效果图

图1-37　水粉技法效果图

图1-38　钢笔淡彩表现技法效果图

作业练习

（1）根据教材的范例，徒手练习各种钢笔线条。

（2）练习效果图构图，刻画物体结构。

（3）制作马克笔色卡，临摹马克笔的笔触，掌握马克笔的用笔技巧。

（4）临摹马克笔、水彩、彩色铅笔等不同绘画工具的表现技法。

2 透视画法的基本知识

透视画法是一种特殊的绘图方法，是利用人的视觉规律，在二维平面上表现三维立体空间的一种绘图方法。利用透视方法画出的图称为透视图。掌握透视图的绘图方法和技巧是进行环境设计手绘表现的基础，是学习环境设计表现技法必须掌握的一项基本功。

透视图就好比在观察者和被观察物体之间竖立放置了一块透明的玻璃，将观察者的眼睛视点与物体的各点连接便形成了若干视线，这些视线与透明玻璃会形成若干交点，连接这些交点后形成的图形就是透视图。

2.1 透视图概述

2.1.1 透视图的分类

根据观察者的视点与物体之间的位置不同，可以对透视图进行分类，在环境设计手绘表现中，常用的透视有平行透视、成角透视和斜角透视三种。其中平行透视和成角透视应用最多，要求学生必须熟练掌握。

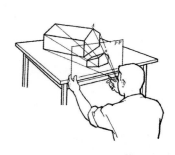

图2-1 透视图的形成原理说明图

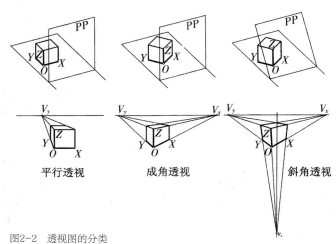

平行透视　　成角透视　　斜角透视

图2-2 透视图的分类

图2-3 平行透视（马磊作）

图2-4 成角透视（马磊作）

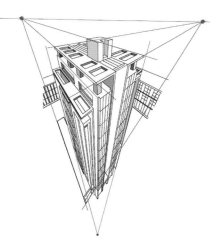

图2-5 斜角透视

2.1.2　透视图常用术语

视点（*EP*）：观察者眼睛所在的位置。

站点（*SP*）：观察者脚所站的位置，也是视点的水平投影。

视高（*H*）：视点与站点间的距离。

画面（*PP*）：观察者与物体之间假设的竖立放置的透明平面。

视平线（*HL*）：视平面与画面的交线。

视距（*D*）：视点到画面的垂直距离。

中心视线（*CL*）：过视点作画面的垂线，也称主视线。

心点（*CV*）：中心视线和画面的交点，也称视心。

基面（*GP*）：物体所在的地平面。

基线（*GL*）：基面和画面的交线。

灭点（*VP*）：也称为消失点，是直线上无穷远点的透视。

消失线（*VPL*）：透视图中汇聚于灭点的直线。

视线（*VL*）：视点和物体上任意一点的假想连线。

目线（*EL*）：视线在画面上的正投影。

足线（*FL*）：视线在基面上的正投影。

测点（*M*）：视点到灭点间的距离投形到视平线上的测量点。用来计算透视图中物体的长、宽、高。

量线（*ML*）：便于测量透视长度的辅助线。

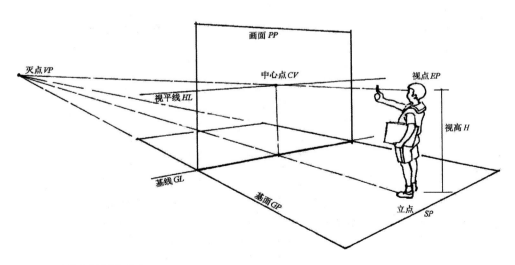

图2-6　透视图术语说明图

2.1.3　透视图的基本规律

　　我们观察环境空间中的物体，就如同观看照片，从中可以得出以下透视规律：实际空间中等距离的物体，距我们近处的间距疏，远处则密，即近疏远密；实际空间中等体量的物体，距我们近处的体量大，远处的则体量小，即近大远小。在视平线以上，实际空间中等高的物体，距我们近处的高，远处的则低，即近高远低；在视平线以下，实际空间中等高的物体，距我们近处的低，远处的则高，即近低远高。与画面重合的平面图形，透视就是其自身；远离画面但与画面平行的图形，其透视图为原型的相似形。平行于画面的平行线，其透视图中也相互平行；垂直于画面的平行线，其透视图中要汇聚于视心。

环境设计手绘表现技法

QUICK SKETCHING FOR ENVIRONMENTAL DESIGN

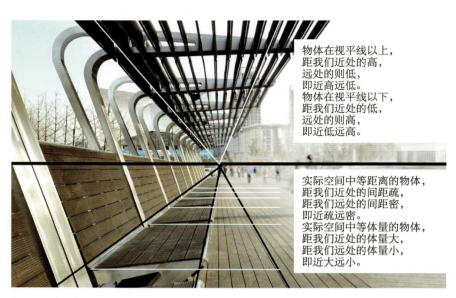

物体在视平线以上，
距我们近处的高，
远处的则低，
即近高远低。
物体在视平线以下，
距我们近处的低，
远处的则高，
即近低远高。

实际空间中等距离的物体，
距我们近处的间距疏，
距我们远处的间距密，
即近疏远密。
实际空间中等体量的物体，
距我们近处的体量大，
距我们远处的体量小，
即近大远小。

图2-7　透视规律说明图

2.2　平行透视

2.2.1　平行透视的概念

　　平行透视图中只有一个灭点，因此也称为一点透视。平行透视图中通常可以看到物体的正面，而且这个面和我们的画面平行。由于透视规律的作用，物体上下左右四个面根据近大远小的透视变化，要消失于灭点。消失线和消失点就应运而生。因为近大远小的透视规律，所以透视图中产生了空间的纵深感。

图2-8　室内平行透视图

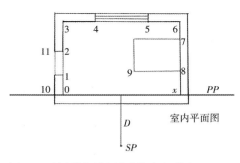

图2-9 平行透视图绘图步骤①（马磊作）

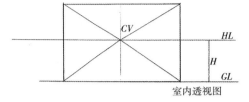

图2-10 平行透视图绘图步骤②（马磊作）

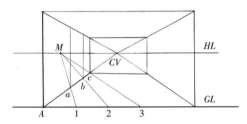

图2-11 平行透视图绘图步骤③（马磊作）

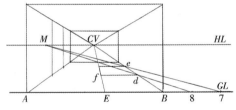

图2-12 平行透视图绘图步骤④（马磊作）

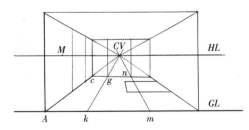

图2-13 平行透视图绘图步骤⑤（马磊作）

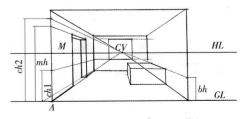

图2-14 平行透视图绘图步骤⑥（马磊作）

透视图中的线条只有三个方向：水平线、铅垂线、消失线。室内空间的平行透视一般能表现出五个面，能够表达出室内主要立面的比例关系，符合人的视觉效果，是学习透视画法和理解透视原理的基础。

2.2.2 平行透视图的绘图步骤

绘制平行透视图有多种绘图方法，为了便于学习掌握，我们这里只详细介绍测点法画室内透视图。测点方法画图是在透视图中根据测点来确定透视进深的一种透视画法。测点画法做图简单、准确，只要知道室内平面图、立面图、画面和站点的位置尺寸即可作图。绘图步骤如下：

①在室内平面图中确定画面PP、站点SP的位置关系，视距为D。

②根据室内立面尺寸，在透视图上绘制与画面PP重合的室内立面轮廓。在透视图中标出视平线HL、基线GL、心点CV的位置。连接心点CV与立面的四个角点，得出室内上下左右四个墙面的全透视。

③根据已知的视距D（站点SP到画面PP的距离），在心点CV的一侧的视平线上标出量点M的位置，使CV-M线段的长度等于视距D。在基线GL上确定A-1、A-2、A-3线段等于平面图中0-1、0-2、0-3线段长。连接M-1、M-2、M-3线段和A-CV交于a、b、c点，即是平面图中1、2、3的透视位置。根据透视规律得出室内四个立面的透视形状和门的透视位置。

④在基线GL上量取B-8、B-7线段等于平面图中的x-8、x-7线段长，连接M-8、M-7和B-CV交d、e点，即是平面图中8、7点的透视位置。在基线GL上量取BE等于平面图中8-9线段长，连接E-CV与过d的水平线交于f点，根据透视规律，得出物体的底面透视形状。

⑤在基线GL上量取A-k、A-m线段等于平面图中的3-4、3-5线段长，连接k-CV、m-CV交过c点的水平线于g、n点，即是窗户的透视宽度。

⑥将门高mh、窗高ch1和ch2、物体高bh标注在透视图的真高线上，分别与CV心点连接，根据透视规律绘制室内门窗和家具的透视高度。

⑦根据设计构思，同理绘制室内结构、家具、设施等细节，完成室内平行透视图的绘制。

图2-15 平行透视图绘图步骤⑦（马磊作）

图2-16　平行透视图（马磊作）

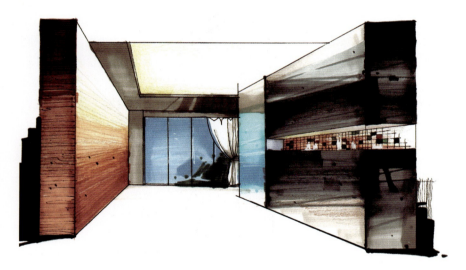

图2-17　平行透视图（汪月作）

图2-18　平行透视图

2.3　成角透视

2.3.1　成角透视的概念

在成角透视图中，物体或空间的立面和画面PP都不平行，均形成一定的角度。成角透视图中会出现两个消失点，所以成角透视也称为两点透视。由于成角透视在画面中有两个消失点，画面要比平行透视自由灵活、层次分明、动感强。但如果成角透视的视角选择不当，会使画面产生扭曲变形。透视图中的线条有三个方向，分别是铅垂线、向左消失线、向右消失线。用成角透视画建筑物体和用成角透视画室内空间，它们的透视规律有所不同。成角透视图中的建筑物体，真高在画面的最前方，建筑左墙上的所有水平平行线向左消失点消失，建筑右墙上的所有水平平行线向右消失点消失，视平线上部分的消失线向下消失，视平线下部分的消失线向上消失，垂直于地面的直线仍然保持垂直；成角透视图中的室内空间，其真高在画面的最后方，室内左墙上的所有水平平行线向右消失点消失，室内右墙上的所有水平平行线向左消失点消失。视平线上部的消失线向下消失，视平线下部的消失线向上消失，垂直于地面的直线仍然保持垂直。

图2-19　室内成角透视图（马磊作）

图2-20　室内成角透视图（汪月作）

2.3.2 成角透视图的绘图步骤

（1）运用测点法画室内成角透视图

与画平行透视图一样，测点方法画成角透视作图简单、准确。成角透视由于有左右两个消失点，所以在透视图中应有两个测点，分别来确定左右消失线上的透视进深。绘图步骤如下：

①已知室内平面图、画面PP、立点SP的位置，过立点SP做室内左右两墙的平行线SP-VX和SP-VY线段，交画面PP于VX和VY点，得到两消失点的参考点。在PP线上量取VX-MX长=VX-SP、量取VY-MY长=VY-SP，得到测点的参考点。

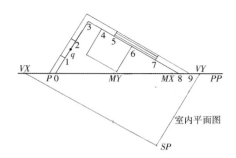

图2-21 室内成角透视图绘图步骤①（马磊作）

②在平面图下方绘制基线GL、视平线HL，并将平面图中的VX和VY参考点引入透视图中，得到vx和vy两个消失点。将MX和MY参考点引入透视图中，得到mx和my两个测点。

③在透视图中，绘制墙体的真高H1，根据透视规律，分别连接vy和vx消失点，得到室内墙体的全透视。

④在基线GL上量取A1、A2线段长等于平面图中的0-1、0-2线段长，连接my-1和my-2交A-vy分别于a、b点，即是门的透视位置。量取5-8、7-8长等于平面图中的5-8、7-8长，连接mx-5和mx-7交8-vx分别于c和d点，即是窗户的透视位置。

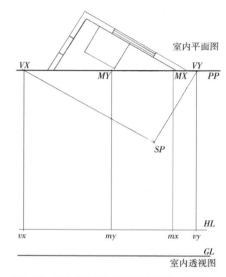

图2-22 室内成角透视图绘图步骤②（马磊作）

⑤在基线GL上量取A-q长度等于平面图中的0-q长，连接my-q交0-vy于r点，即是物体的进深。量取4-8、6-8长等于平面图中的4-8、6-8长，连接mx-4和mx-6交B-vx于e和f点，即是物体的透视宽度，根据透视规律，画出物体的底面透视形状。

⑥将门高mh、窗高ch1和ch2、物体高bh标注在透视图的真高线上，分别连接vx或vy，根据透视规律绘制室内门窗和物体的细节。

⑦根据设计构思，同理绘制室内结构、家具、设施等细节，完成室内成角透视图的绘制。

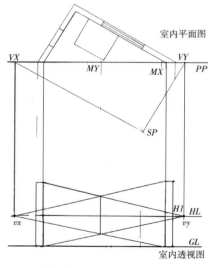

图2-23 室内成角透视图绘图步骤③（马磊作）

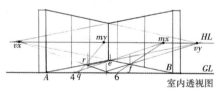 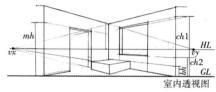

图2-25 室内成角透视图绘图步骤⑤（马磊作）　图2-26 室内成角透视图绘图步骤⑥（马磊作）

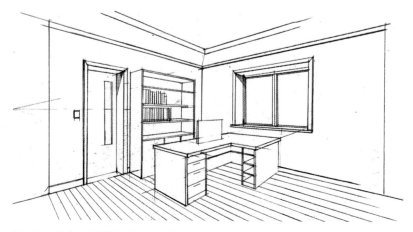

图2-27 室内成角透视图绘图步骤⑦（马磊作）

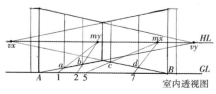

图2-24 室内成角透视图绘图步骤④（马磊作）

（2）运用测点法画建筑成角透视图

与画成角室内透视图一样，测点方法画建筑成角透视图应有左右两个消失点和两个测点，不同之处在于消失点的左右位置不同。用测点法画建筑的立体透视图，可以清楚地表现出建筑的体积和结构关系，是画建筑效果图常用的方法。绘图步骤如下：

①已知建筑平面图、画面PP、立点SP的位置，过站点SP做建筑左右两墙的平行线，交画面PP与VX和VY点，得到两消失点的参考点。在画面PP上量取VX-MX长=VX-SP、量取VY-MY长=VY-SP，得到测点MX、MY的参考点。

②在平面图下方绘制基线GL、视平线HL，并将平面图中的VX和VY参考点引入透视图中，得到vx和vy两个消失点。将MX和MY参考点引入到透视图中，得到mx和my两个测点。

③在透视图中，绘制建筑的真高OH，根据透视规律，分别连接vy和vx消失点，得到建筑的全透视。

④在基线GL上量取O-a长等于平面图中的A-D长，连接my-a交O-vy于c点，c点即是建筑右墙宽度的透视位置。在基线GL上量取O-b长等于平面图中的A-B长，连接mx-b交O-vx于d点，d点即是建筑左墙宽度的透视位置。

⑤在基线GL上O-a之间，按照平面图中建筑右墙的长度比例得到3、4参考点，分别连接my与参考点，交O-VY于g、h点；在基线GL上O-b之间，按照平面图中建筑左墙的长度比例得到1、2参考点，分别连接mx与参考点，交O-VX于e、f点。

⑥将建筑每一层的真实高度等分标注在真高线OH上，根据透视规律绘制建筑的每层消失线。根据建筑的立面设计，绘制建筑透视图的细节。

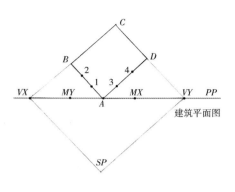

图2-28　建筑成角透视图绘图步骤①（马磊作）

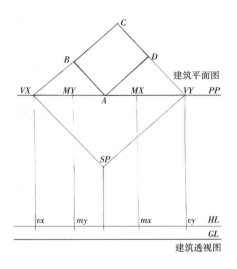

图2-29　建筑成角透视图绘图步骤②（马磊作）

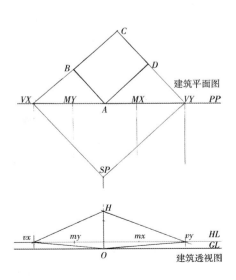

图2-30　建筑成角透视图绘图步骤③（马磊作）

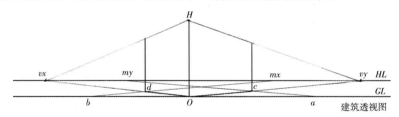

图2-31　建筑成角透视图绘图步骤④（马磊作）

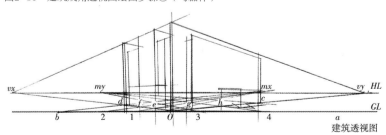

图2-32　建筑成角透视图绘图步骤⑤（马磊作）

图2-33　建筑成角透视图绘图步骤⑥（马磊作）

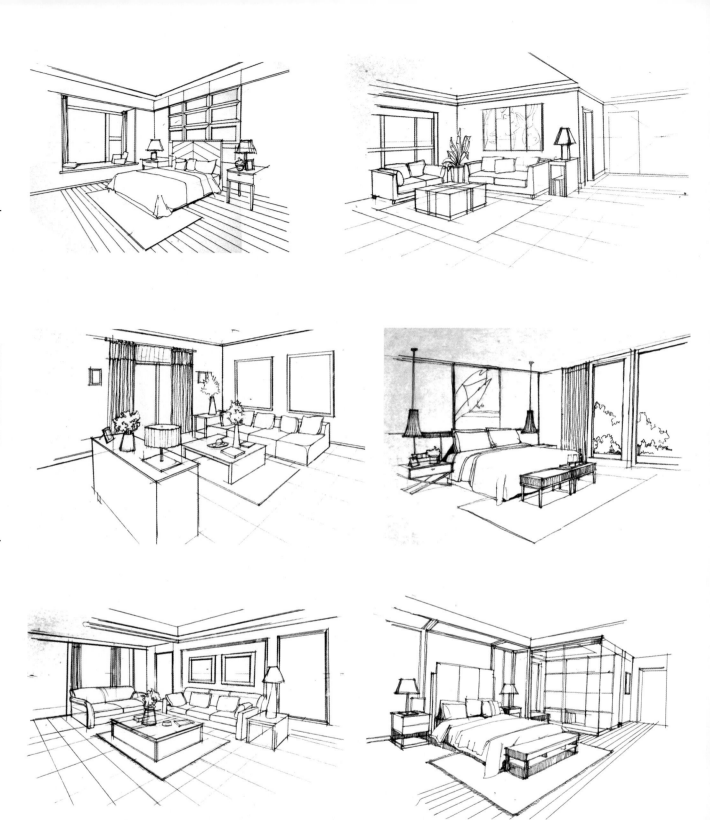

图2-34　室内成角透视图（马磊作）

图2-35　室内成角透视图（张欣怡作）

图2-36　室内成角透视图（张欣怡作）

图2-37　建筑成角透视图

2.4 斜角透视

2.4.1 斜角透视的概念

斜角透视图中，物体的长、宽、高三组线条都与画面不平行，均构成一定的角度，三组线条分别消失于三个消失点，因此，斜角透视也称为三点透视。三点透视多用于表现超高层建筑的俯瞰图或仰视图。斜角透视可以理解为在成角透视的基础上，原本垂直于地面的线条，根据站点的位置高低，或消失于天空中的天点，或消失于地面中的地点。

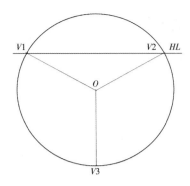

图2-38　斜角透视图绘图步骤①（马磊作）

2.4.2 斜角透视图的绘图步骤

斜角透视图的画法很多，这里介绍一种简单易学的高层建筑的斜角透视画法。

①在图纸上绘制一个正圆，由圆心O每隔120°向圆引出三条线，和圆周交于$V1$、$V2$、$V3$三个交点，也就是斜角透视的三个消失点。其中使O-$V3$连线保持铅锤，$V1$-$V2$连线保持水平，为HL视平线。

②在O-$V2$的连线中任意取一点为A，过A点做水平线，交O-$V1$于B点，AB连线即为建筑的顶面对角连线。连接A-$V1$和B-$V2$，做A、B两点的透视线，相交于C点，O-A-C-B即为建筑的透视顶面。

③连接A-$V3$和B-$V3$，并在O-$V3$上确定一点D，使O-D长度等于建筑的高度，做D点的透视线，连接D-$V2$和D-$V1$，分别交A-$V3$和B-$V3$于E和F点，得到建筑的两个侧立面。

④根据测点法，过O点做水平线，根据建筑左右立面的比例，确定实际距离1、3、5、7、9和2、4、6、8、10的位置，在HL线上确定测点M，连接M与各个实际距离点，交O-$V1$和O-$V2$于a、b、c、d、e、f、g、h、i、j各透视位置。同理绘制出建筑各层的高度点。

⑤根据透视的规律，按照建筑立面的样式，绘制建筑斜角透视的结构细节。

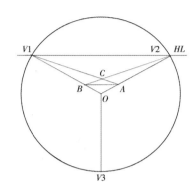

图2-39　斜角透视图绘图步骤②（马磊作）

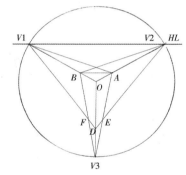

图2-40　斜角透视图绘图步骤③（马磊作）

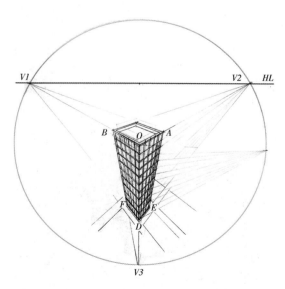

图2-42　斜角透视图绘图步骤⑤（马磊作）

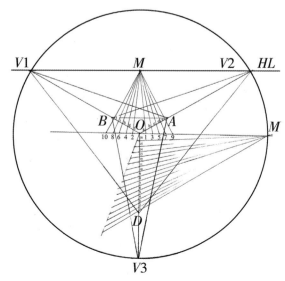

图2-41　斜角透视图绘图步骤④（马磊作）

环境设计手绘表现技法

QUICK SKETCHING FOR ENVIRONMENTAL DESIGN

24

图2-43　斜角透视图

2.5　透视与效果图的表现

2.5.1　透视与比例

　　在绘制环境设计手绘效果图时，由于透视的缘故，现实中相等大小和高低的物体，在透视图中产生了近大远小、近高远低、近疏远密的变化，这些透视引起的变化，也影响着环境空间和建筑物体的比例关系。比如，室内左右两个墙面的大小比例，在透视图中就是由透视角度来决定的。同时也决定了依附于这两面墙体上的所有物体的大小比例。再比如，两面墙体上间隔相等的物体，在透视图中物体的间隔变化都是按照一定的比例关系递减。物体的结构、尺寸、比例和透视关系紧密地联系在一起，透视上稍有错误，就会导致环境空间或建筑物体的结构表现错误。所以，掌握好透视图的画法，是画好手绘效果图的最基本的要求。

图2-44　透视图（透视与比例）

2.5.2 透视与构图

我们想要画出一幅好的环境设计效果图，必须要处理好画面构图和环境空间的比例关系，画面透视角度的选择就非常地重要。要在效果图中充分地表现一个优美的环境设计，仅仅把透视关系画正确是远远不够的，还要选择合适表现环境空间的角度。所以，一张效果图的画面构图和比例是否正确，在一定程度上是由透视的视角和视高等因素来决定的。

（1）视角

在画透视图时，人的视野是一个以视点为顶点的60°圆锥体，它与画面PP相交，交线是以CV为圆心的圆。圆内的物体是正常视野内的透视图，圆形比例正常，没有变形。

从水平面上观察视角60°范围内的物体，透视是真实正常的，而在此范围之外，物体便产生了扭曲变形。

从侧立面上观察，物体在60°范围之内，视距合理，则物体透视真实，如果视距过小，视点距离物体过近，物体跑到了60°范围之外，则物体底边成了锐角，物体便产生了扭曲变形。

（2）视距

如果透视画面PP和空间的位置确定，视高不变，那么视距越大，墙、顶、地面的进深越小，相反，视距越小，墙、顶、地面的进深越大。

（3）视高

在透视图中视距不变的情况下，视点的高低变化会使透视图产生仰视、平视和俯视的变化。当视平线在地平线以下时，透视为仰视。当视平线在地平线以上、物体空间高度以下时，透视为平视。当视平线在物体空间高度之上时，透视为俯视，也称为鸟瞰。

（4）视点

视点与空间的位置关系：当视点处于室内空间的不同位置时，视距不变，透视图中的各个墙面的大小比例关系也随之改变。

所以在绘图的时候，我们要根据平面图和立面图中的内容分布，选择合适的视角、视高来进行构图，一般将主要内容部分给予较大的透视进深，这样便于后期的明暗和色彩处理。

在构图时还要处理好画面的平衡与稳定，比如会议室、酒店大堂比较庄重的室内空间，可以采用平行透视，以形成对称式的构图效果来表现。而采用成角透视的构图，要注意画面的均衡，结合明暗和色彩的层次表现，使环境空间的表现更加丰富。

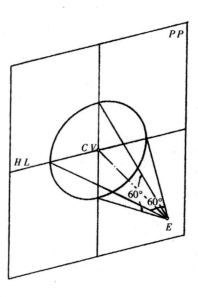

图2-45　人正常的视野范围

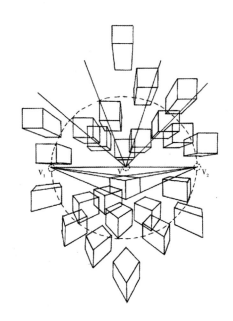

图2-46　物体在不同透视角度下的结构形态

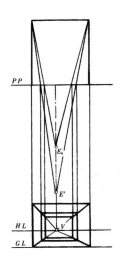

图2-47 不同视距的平行透视

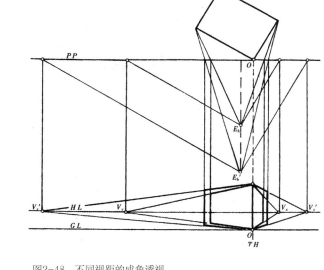

图2-48 不同视距的成角透视

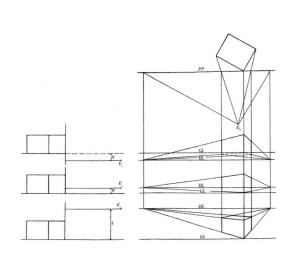

图2-49 不同视高的透视

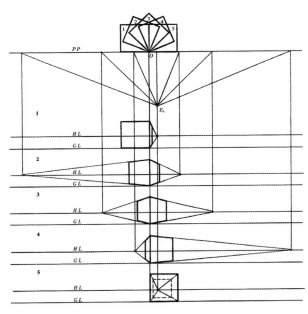

图2-50 不同视点的透视

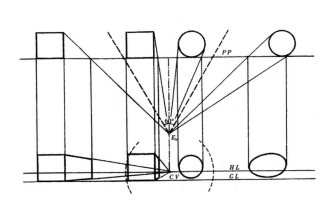

图2-51 透视视野的水平范围

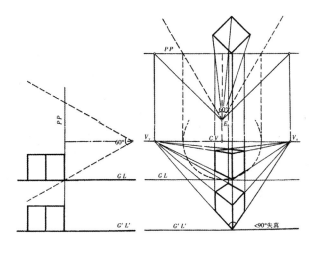

图2-52 透视视野的上下范围

图2-53　平行透视图（马磊作）

图2-54　成角透视图（马磊作）

图2-55 成角透视图（马磊作）

作业练习

（1）临摹教材中的室内平行透视图，掌握室内平行透视的画法。

（2）临摹教材中的室内成角透视图，掌握室内成角透视的画法。

（3）临摹教材中的建筑成角透视图，掌握建筑成角透视的画法。

（4）临摹教材中的建筑斜角透视图，掌握建筑斜角透视的画法。

（5）根据室内平立面图，绘制室内的平行透视图和成角透视图，并刻画室内空间的结构细节。

（6）根据建筑平立面图，绘制建筑成角透视图，并刻画建筑的结构细节。

3 室内手绘效果图表现

室内手绘效果图是室内环境设计方案表现的重要手段。室内效果图能够清楚直观地将室内的空间关系、家具布局、色彩色调等展现出来，是一个完整的室内设计方案不可或缺的组成部分。除此之外，室内效果图还是室内环境设计过程中，设计思维图形转化的重要手段，室内效果图的绘制有助于设计方案的推敲和完善。室内手绘效果图根据不同的表现技法有不同的表现风格，一般常用的室内手绘表现有马克笔技法表现、彩色铅笔技法表现和水彩技法表现等。

3.1 材质的表现

在手绘效果图的绘制中，物体材质的质感和色彩对效果图画面的影响很大。不同的物体有不同的颜色和质地，在不同的光线环境下，会呈现出不同的光感和质感，形成不同的色彩关系。正确表现物体材料的色彩、质地、肌理、光感等视觉特性，是画好效果图的关键。因此，在手绘效果图的学习过程中应加强对材质基本特征的理解，掌握材质表现的基本规律。

图3-1 木材表现（汪月作）

3.1.1 木材的表现

在室内外的环境设计中，木材的使用最为普遍，因为木材加工容易，纹理自然且细腻，与油漆结合可以产生不同颜色、不同明度、不同光泽度的色彩效果。在效果图手绘表现时要注意木材的自然纹理和木材的特有色调，木材表面反光较弱，受环境色的影响较小，色彩对比弱。

3.1.2 墙面材质的表现

环境设计中墙面的表现主要以各种灰色为主，与光线相结合可以产生不同颜色、不同明度、不同光泽度的效果。

图3-2 木格栅表现（汪月作）

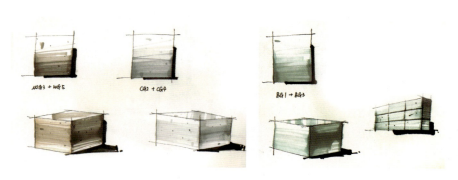

图3-4 墙面表现（汪月作）

图3-3 木材表现

3.1.3 石材的表现

石材是一种比较高档的建筑装饰材料，在手绘效果图的表现中，石材的表现可以按照具体的石材肌理和色彩来表现。光滑平整的石材有高光、反光，表面受环境影响比较大，而烧毛粗糙的石材，则更多地表现其固有色，颗粒感重。

大理石在建筑装饰的应用中一般都做表面抛光处理，抛光后的大理石色彩丰富，光洁细腻，纹理流畅。大理石的品种和颜色很多，大致可以分为白色、黄色、绿色、灰色、红色、咖啡色、黑色，七种基本颜色。大理石一般采用湿画法表现。

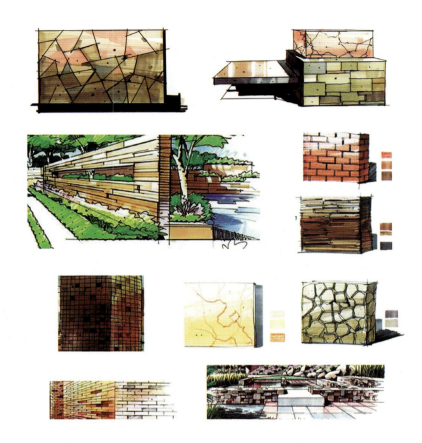

图3-5　各种石材表现

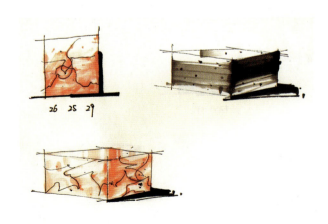

图3-6　石材表现（汪月作）

图3-7　大理石表现（汪月作）

3.1.4 陶瓷材质的表现

陶瓷是一种经过高温烧制的烧土材料，常用于需要防水的墙面与地面上。陶瓷材料分为有釉和无釉两种，在表现时通过反光和高光来加以区别。

瓷砖的表现可以采用平涂法，然后根据其花纹、环境色的不同，画出光影和纹路的变化。用深色刻画瓷砖的接缝，用亮色提出高光，表现出瓷砖的质感。

3.1.5 织物材质的表现

织物是室内装饰中的软装饰品，可以减缓墙壁和家具的生硬感，从而使室内变得柔软而温馨。在表现织物时，要用柔软、轻松的笔触，表现其质地的松软。明暗对比要弱，并用大量的中间色调来过渡，减少色彩的跳跃感，使过渡柔和自然。由于织物受周围环境影响很小，反光很差，不需要表现高光。

图3-8　瓷砖材质表现（汪月作）　　　图3-9　织物表现（汪月作）

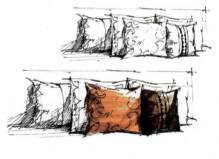

图3-10　柔软材质表现

3.2 家具的表现

家具是室内空间的重要组成部分，家具的手绘表现也是室内手绘效果图表现的重点和难点，家具绘制的好坏直接影响室内空间表现的效果。

3.2.1 沙发

沙发是室内设计中的主要家具，样式和种类很多。在进行手绘表现时，要以沙发的固有色为主要色调，根据沙发的结构，深入刻画沙发的亮面和暗面，同时要注意沙发质感的表现。

3.2.2 椅子

椅子的形态和种类非常多，在进行椅子的手绘表现时，除了画好椅子的形体、明暗和色彩关系之外，还要重点表现不同椅子的材质特征。

图3-11　沙发表现（汪月作）

图3-12　椅子表现（汪月作）

3.2.3 床

床一般与床头柜一起绘制表现。床上布艺的质地和纹理要尤其表现。

3.2.4 灯具

灯具的样式很多，室内效果图中常涉及的灯具有吸顶灯、吊灯、台灯、落地灯等。通过光线与光影的刻画，可以增强空间感，营造不同的环境氛围。在表现灯具开启时的光线，可用黄色系的色彩来表现光色，并注意被光照的物体与周围环境的明暗和色彩对比关系。

34

图3-13 床的表现（汪月作）

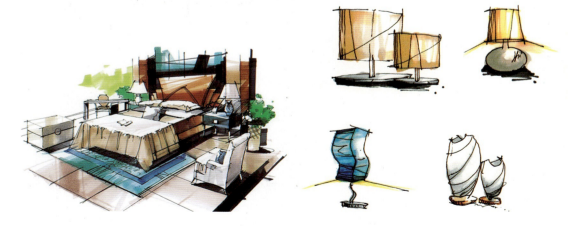

图3-14 床的表现   图3-15 灯具的表现（汪月作）

3.2.5 摆件和绿植

室内摆件和绿植有助于室内良好氛围的营造，在效果图中常作为不可或缺的点缀，给效果图增加生机与活力。

3.2.6 组合家具

室内效果图中的家具一般都是以组合的形式出现，是室内效果图的重点要素。绘制时要注意透视、比例、虚实、明暗对比、质感等多方面的关系。家具与摆件组合，结合室内的墙面地面，就构成了房间的一角。在绘制时注意组合家具与室内界面光影变化以及空间远近关系。

图3-16 摆件的表现（汪月作）　　　　图3-17 绿植的表现（汪月作）

（汪月作）

（张欣怡作）

图3-18 茶几的表现（汪月作）　　　　图3-19 组合家具的表现

图3-20　家具手绘表现（马磊作）

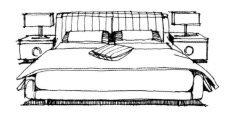

图3-21　家具手绘表现（马磊作）

图3-22　摆件手绘表现（马磊作）

3.3 室内效果图表现

马克笔着色方便，使用简单，色彩丰富，笔触明晰，表现力较强，且省时省力，是手绘室内效果图最常用的表现技法之一。使用马克笔绘制室内效果图时，要注意马克笔的用笔技巧，在运笔的过程中，用笔的次数不宜过多，且运笔要迅速、准确，否则色彩会从边界渗出，而失去马克笔本身特有的透明与干净利落的特点。运笔方向应顺着物体的结构，可以通过排线的方式，有规律地组织线条的方向和疏密，使画面形成秩序感。

环境设计手绘表现技法

QUICK SKETCHING FOR ENVIRONMENTAL DESIGN

（闫雪珂作）

（张欣怡作）

图3-23　室内马克笔表现

（闫雪珂作）

（张欣怡作）

（闫雪珂作）

图3-24　室内马克笔表现

（金典作）

（金典作）

（张文强作）

图3-25　室内马克笔表现

图3-26 室内马克笔表现（陈子威作）

图3-27 室内马克笔表现（金典作）   图3-28 室内马克笔表现（张欣怡作）

3.4 室内平、立面图表现

3.4.1 室内平面效果图的手绘表现特点

室内平面图是一个室内设计方案的重要组成部分，也是一个设计师图解思考过程的体现。尤其是在计算机辅助设计绘图被广泛应用的当今，手绘平面图作为一种学习或设计过程中的图解思考方法，是计算机辅助设计绘图无法取代的。手绘平面效果图由于绘制速度较快，直观、自由，可以用线条、色彩、文字、图例等来充分地表现设计师的思考过程。而且，手绘平面图是技术和艺术的结合，不仅反映出设计师的创意和构思，还能表现出艺术气息。手绘平面图重在运用图解语言与人们交流，在室内设计的方案阶段，手绘表现图能够很好地起到沟通作用。快速的手绘表现，能够迅速地捕捉设计师的意念和一闪而过的想法，可以将设计思考和设计素材快速地记录下来。

图3-29 室内平面图表现（马磊作）

3.4.2 室内平面图的绘图步骤

①用针管笔画底稿，注意线条流畅以及线条与物体结构的有机结合。转角的线条要搭接，徒手画线力争做到平、直、顺。

②马克笔着色，先用马克笔进行色调统一，尤其是在家具、墙体等设施的暗部着色，可以使画面凸显立体感。

③彩铅着色，彩色铅笔上色要注意线条的组织和光影的深浅变化。对墙体进行刻画。整个图面要保持整体统一，局部应该有对比变化。

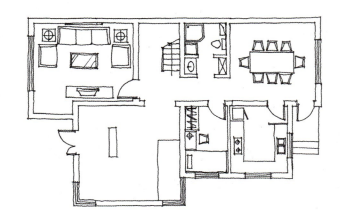

图3-30 室内平面图绘图步骤①（马磊作）

图3-31　室内平面图绘图步骤②（马磊作）

图3-32　室内平面图绘图步骤③（马磊作）

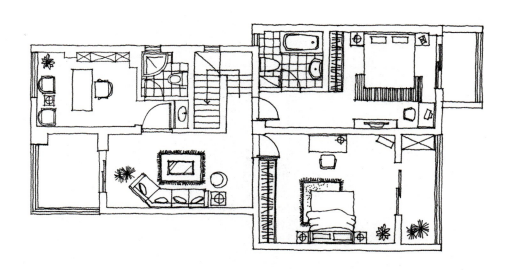

图3-33　室内平面图（马磊作）

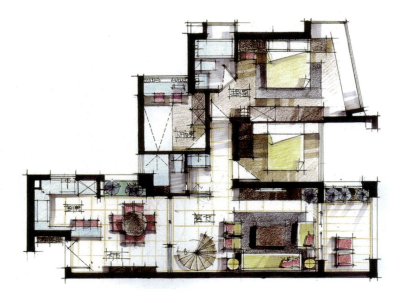

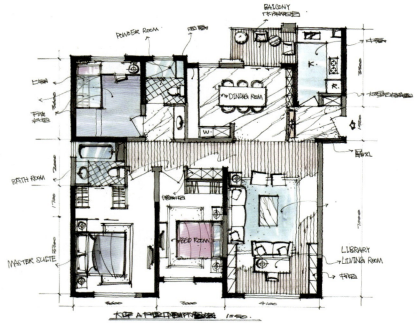

图3-34　室内平面图

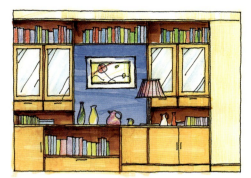

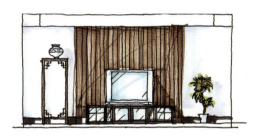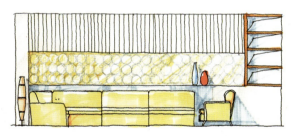

图3-35　室内立面手绘图（马磊作）

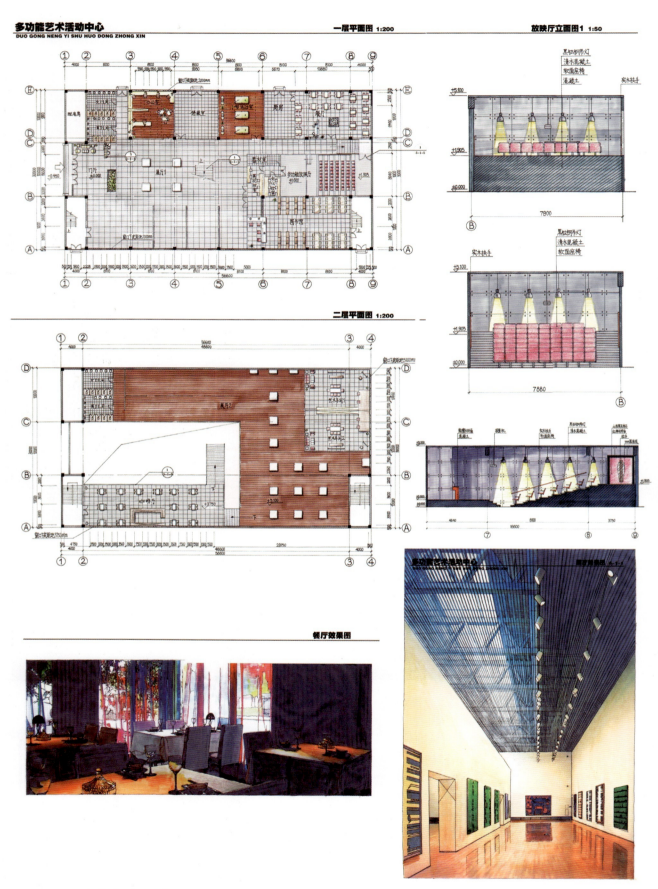

图3-36 手绘方案表现（柳翌作）

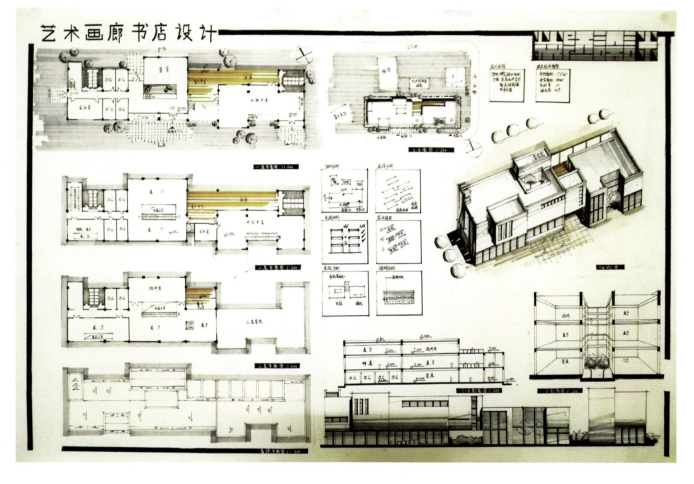

图3-37　手绘方案表现（邱瞳旺作）

作业练习

（1）临摹木材质表现。

（2）临摹石材质表现。

（3）临摹陶瓷材质表现。

（4）临摹织物材质表现。

（5）临摹教材中室内单体家具的手绘表现。

（6）临摹教材中室内组合家具的手绘表现。

（7）临摹室内手绘表现图。

（8）根据室内图片用马克笔技法表现室内空间效果图。

4 室外环境手绘效果图表现

室外环境手绘效果图是设计师对室外环境设计方案表达的一种主要方式，室外环境效果图通过绘画的形式，将设计的思想、设计的创意、设计的布局等直观地表现出来，是设计方案的重要组成部分。但室外环境效果图不同于风景绘画的表现，效果图的表现要立足客观的设计方案，画面中设计元素的尺寸、比例、造型、质感、色彩要与设计方案保持一致，效果图要直观便于理解。室外环境手绘效果图的表现根据绘画技法有多种表现形式，主要的表现形式有马克笔快速表现和钢笔水彩表现两种方式。

4.1 室外环境设计元素表现

室外环境的设计是众多设计元素的有机构成，在表现室外环境效果图时，离不开室外环境元素的表现，画好单个的室外环境设计元素是室外环境设计手绘表现的基础。

4.1.1 乔木的表现

室外环境设计效果图中，植物占据了画面的绝大部分，可以说植物画得好不好，直接影响整个效果图的好坏，所以植物的手绘表现是室外环境设计手绘表现的重中之重，画好植物的手绘表现是室外环境设计手绘表现的基础。

室外环境设计中的植物主要分为乔木、灌木、草本三大类。每种植物的生长习性、造型特点、色彩相貌都不一样，这就要求我们多去研究植物的生长规律，学会归纳和总结，掌握不同植物的表现方法。

乔木是室外环境设计中植物表现的重点和难点，按照树木的形态可以归纳为：尖塔形、圆球形、圆锥形、圆柱形、伞形、不规则形等不同的形态。在绘制时要把乔木的树干、枝杈和叶子的造型清晰地勾勒出来，同时调整好树木的整体树冠的形态，并运用线条强调好树木的明暗关系。在进行色彩表现时以植物绿色的固有色为主，在植物的亮面和暗面，点缀相应的环境色，同时要注意不同植物之间的色彩差异，以丰富效果图的画面。

图4-1　不同形态乔木的手绘表现（马磊作）　　　　　　　　　　　　　　图4-2　乔木的手绘表现（马磊作）

图4-3　乔木的手绘表现

4.1.2　灌木丛的表现

灌木没有明确的主干，并且多呈现为丛生的状态，所以称为灌木丛。在室外环境设计表现中，灌木的表现是最具有亲和力和表现力的植物类型，灌木可以单独的球形表现，也可以修建整齐的绿篱笆形式呈现，还可以表现为不规则的丛状，表现形式丰富多样，是室外环境设计中最重要的配景之一。

在绘制表现中要注意灌木的外轮廓线应该曲折蜿蜒，用线变化丰富，可以用线条将灌木丛的明暗关系表现出来。在表现灌木丛的立体关系时，可以用叶子的形态和线条结合的方法。灌木丛应考虑不同的植物类型，表现出灌木的特征，并注意灌木之间的疏密、前后关系。

图4-4　灌木丛的手绘表现（马磊作）

图4-5　灌木丛的手绘表现

图4-6　不同形态的灌木丛手绘表现（马磊作）

图4-7　灌木丛手绘表现

4.1.3　山石的表现

在室外环境设计表现中，山石是非常重要的设计元素之一，山石可以单独成景，也可以成为驳岸、植物、建筑的配景。室外环境中的山石千姿百态，表面纹理、色彩关系变化丰富。山石的手绘表现重点在石头的线描上，石头分三个面，要根据透视原理、近大远小的规律将石头的形态准确地勾勒出来，同时还要通过线条表现石头的块面和纹理，使石头有立体感。石头的上色要以固有色为主，将石头的明暗关系表现出来。

图4-8　山石手绘表现（汪月作）

4.1.4 水景的表现

水景是室外环境设计中的点睛之笔，水景分为动态水景和静态水景两种。动态水景有跌水、瀑布、喷泉等表现形式，在水景的表现中主要通过线条表现水纹的运动形态，然后用彩铅或马克笔根据明暗关系，将水流的特点、水的倒影、波光粼粼的效果表现出来。静态水景主要表现为水池、湖泊等形式，在表现时可以用平行线或小波纹线有疏有密地表现出水的虚实变化，同时考虑水面的远近前后关系和倒影效果。

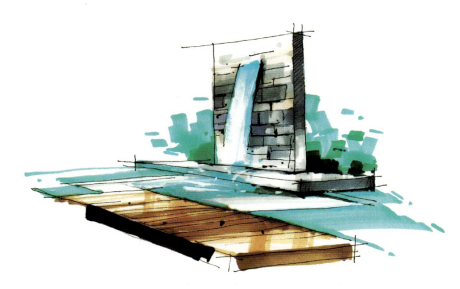

图4-9　水景手绘表现（马磊作）　　　　图4-10　水景表现（汪月作）

图4-11　水景表现（闫雪珂作）

图4-12　水景表现（汪月作）

4.1.5　景观小品的表现

室外环境小品是重要的点景元素，对于点缀和烘托环境氛围，增加环境文化气息起到了重要的作用。在室外环境设计表现中，小品的种类样式很多，既有满足人们使用功能的座椅、指示牌、垃圾桶等公共设施，也有提升环境艺术氛围的雕塑、壁画等艺术品。小品的绘制要和其他的环境元素相配合，注意空间尺度的大小，透视关系，色彩关系的协调。

图4-13　公共设施手绘表现（马磊作）

图4-14　不同形态座椅的手绘表现（马磊作）

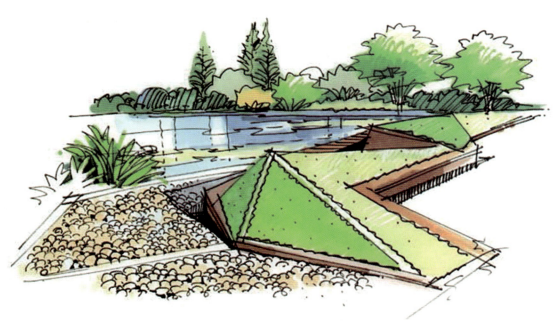

图4-15　景观挡土墙的手绘表现

4.2　室外环境效果图表现

室外空间效果图是室外环境设计的重要表现形式，一个室外的环境设计其设计创意、空间的组织、设计元素的运用，都要通过效果图表现出来，使观者有一个立体直观的印象。室外环境效果图要客观准确地表现设计方案，这对设计师的手绘能力要求较高，需要设计师具备扎实的绘画基础和表现技巧，还要具备一定的室外环境设计能力。

在室外环境效果图表现中，可以用针管笔绘制室外环境的透视线稿，将室外环境中主要构筑物的结构细节准确地表现出来。根据设计方案中植物配置的类型，将植物的立体形态表现出来。根据画面的前后空间关系，用线条组织明暗，表现画面的虚实变化。

给画面中的植物着色，注意笔触的变化，通过运笔的速度和角度来表现植物色彩的虚实前后关系，同时，调整植物的色相变化，控制画面的冷暖关系，丰富画面的色彩效果。给画面中的建筑物着色，根据建筑的固有色，调整受光面和背光面的色彩关系。

对画面中的细部进行刻画，在这一阶段表现时，要注意提炼和概括，注意光影与明暗关系，深入刻画近景中植物和建筑的细节，对于马克笔难以表现的地方，可以运用彩色铅笔表现。

绘制人物、天空等配景，调整画面的整体关系，丰富画面效果，增加画面的艺术气氛，对于画面中的重点，可以用针管笔或马克笔进行重点强调。最后可以用彩铅增加物体色彩的过渡变化。

（闫雪珂作）

（徐亚茹作）

图4-16　室外环境手绘表现（马磊作）　　　　图4-17　室外环境手绘表现

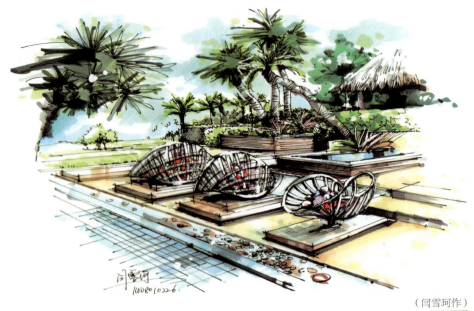

（闫雪珂作）

（闫雪珂作）

（徐亚茹作）

图4-18　室外环境手绘表现

图4-19　室外环境手绘表现（邱瞳旺作）

4.3 室外环境平面图表现

室外环境设计平面图是一个环境设计项目中最为基础和重要的部分。室外环境平面图能表现出设计的功能划分、设计元素的空间布局、景观的组织特点等，平面图准确地表达了设计的构思，设计元素的相互关系。

室外环境平面图中包含了所有元素的表现，这些元素的形态和色彩关系构成了整个平面图的图面效果，反映了设计师的设计能力和绘画功底。

4.3.1 植物的平面图表现

在室外环境设计平面图中，植物一般采用图例符号的形式进行表现，在绘制时要根据植物的设计方案，将落叶、常绿、针叶、阔叶等不同的植物类型区分开，在色彩表现时要注意植物的季相特点，巧妙地用色彩进行区分，同时注意整体色调的对比与统一。

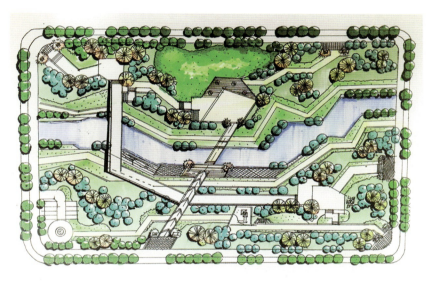

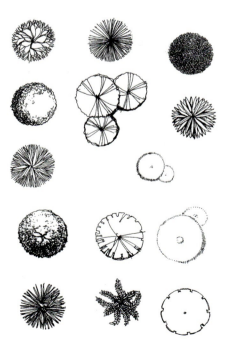

图4-20 不同植物的平面手绘图（马磊作）　　　图4-21 室外环境植物平面图表现（闫雪珂作）

4.3.2　道路及铺装的平面图表现

　　道路是室外环境中的结构框架，具有交通和组织景观的作用。在设计表现中应注意道路转折衔接的通顺。平面图中的道路可分为主要道路、次要道路、游息小路和异型路四种类型，在表现时应注意区分。道路的铺装形式应该用线条和色彩将道路的质地、纹路、色彩关系充分地表达清楚。

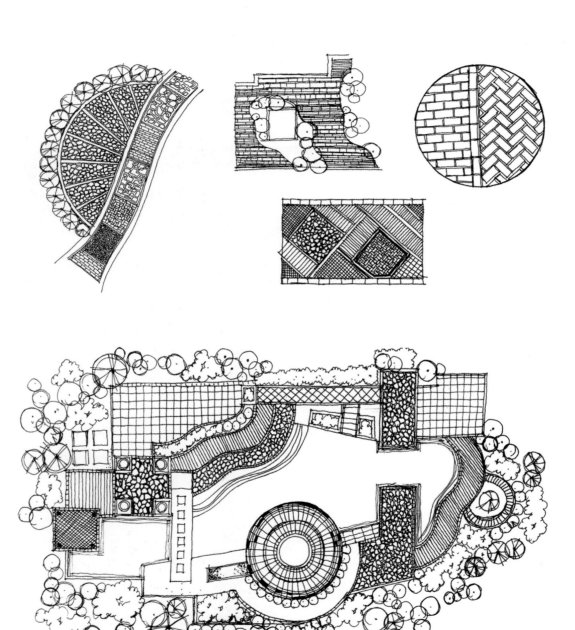

图4-22　道路手绘平面图（马磊作）

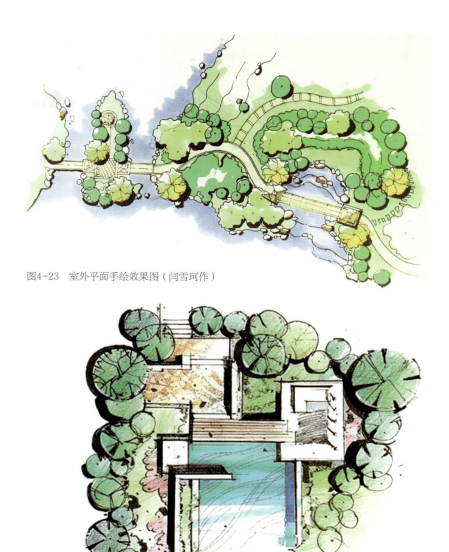

图4-23 室外平面手绘效果图（闫雪珂作）

图4-24 室外平面手绘效果图

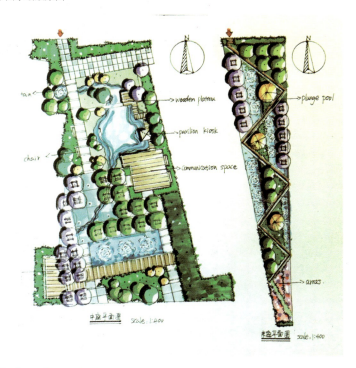

图4-25 室外平面手绘效果图（杨晨秋作）

4.4 室外环境立剖面图表现

室外环境效果图中的立剖面图是设计方案的深入诠释，立剖面图可以清楚地表现环境设计中各个元素的竖向关系，以此来推敲设计方案的高低起伏、层次等空间问题。室外环境立剖面图应选取环境中有代表性的地方进行表现。绘制时要注意立剖面图的尺寸准确，元素的形式和色彩的统一协调。

植物的立面表现主要取决于植物立面的轮廓线。在绘图时要求在抓住树木轮廓特征的同时，遵循树木生态、动态、生长规律，进行细致刻画。

在室外环境设计的立剖面图中，除了建筑小品和植物以外，人物、交通工具等配景可以调整画面的构图，丰富画面的层次，也是画面不可缺少的表现内容。

图4-26　室外环境手绘立剖面图（马磊作）

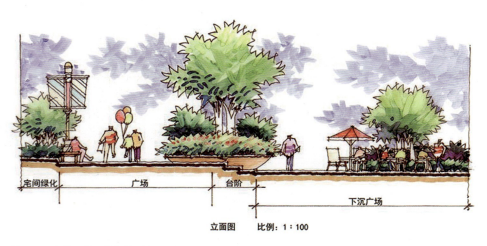

图4-27　室外环境手绘立剖面效果图

图4-28　室外环境手绘立剖面效果图（邱瞳旺作）

图4-29　植物立面手绘表现图

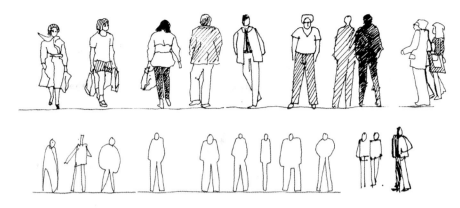

图4-30　人物立面配景图

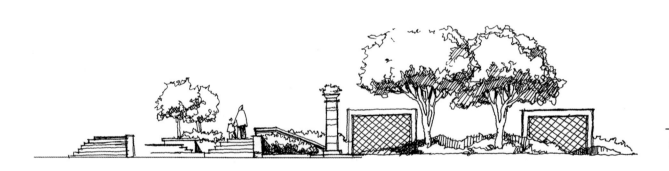

图4-31　室外环境手绘立剖面效果图（马磊作）

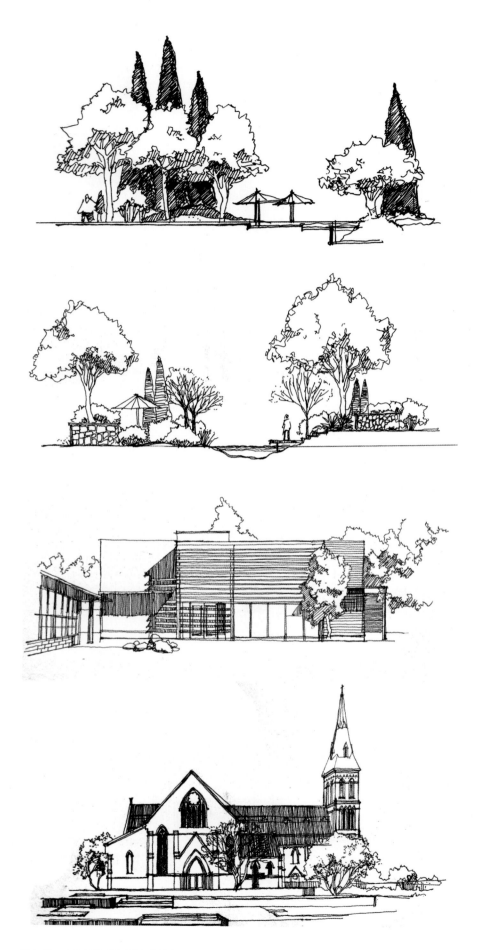

图4-32 室外环境手绘立剖面效果图（马磊作）

图4-33　室外环境手绘表现图（马磊作）

图4-34　室外环境手绘表现图（马磊作）

图4-35 室外环境手绘表现图（傅强作）

图4-36　室外环境写生（徐亚茹作）

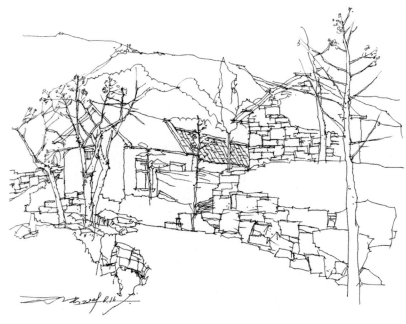

图4-37　室外环境写生（王佳作）

图4-38　室外环境手绘效果图（汪月作）

图4-39　室外环境手绘效果图（闫雪珂作）

图4-40　室外环境手绘效果图（张欣怡作）

图4-41 室外环境手绘效果图（王钦召作）

图4-42 室外环境手绘效果图（张文强作）

图4-43 室外环境手绘效果图（董美玲作）

图4-44 室外环境写生（刘金莲作）

图4-45 室外环境手绘效果图（贾雨萌作）

图4-46 室外环境手绘效果图（闫雪珂作）

作业练习

（1）临摹教材中室外环境元素的手绘表现图。

（2）临摹教材中室外环境效果图的手绘表现图。

（3）临摹室外环境平面图的手绘表现图。

（4）临摹室外环境立面图的手绘表现图。